鎌倉花店主人的

植物庭園設計生活學

CONTENTS

Prologue

融入綠色資源豐沛的鎌倉大自然環境，

散發著懷舊氛圍的草花屋・苔丸。

由古老民宅改建的店鋪，

琳琅滿目地擺放著季節草花與山野草等盆栽。

植物都是以近似自然的樣貌進行設計。

庭園規劃與空間陳設，

則是以最吸引人的獨特世界觀呈現。

書中對於活躍範圍廣泛的店鋪負責人赤地光太郎先生的魅力，

有非常詳盡的介紹。

廣泛地從事苗株販售、庭園建設、開辦教室等業務的草花屋苔丸負責人赤地光太郎，本來就很喜愛植物，於是非常自然地一頭栽入花藝設計的世界。曾在觀光行程中走訪紐西蘭，接觸到各式各樣的植物，被植物的世界深深吸引而更加著迷，於20多年前毅然決然地回到出生地鎌倉開店。展開經營之後，深深覺得若只有切花，無法淋漓盡致地展現敏銳感受性，決定將舞台移往「庭園」，開始從事庭園設計與施工。「對於事業原點的切花，希望能夠永遠保持著探究之心。」赤地先生始終秉持著這個信念，因此店裡繼續提供一般切花、花束銷售服務之外，還拓展服務範疇，從事新娘捧花製作、會場布置等業務。店內闢建充滿自然雅趣的庭園，還設置日光室，琳琅滿目地擺放著多肉植物。推開赤地先生親自設計，再由熟識友人幫忙製作的玻璃窗、門扇，就會有微風輕輕吹拂，照射入明亮的光線。一年四季都舒適宜人的環境，是冬季期間移入不耐寒冷的植物，悉心維護照料的絕佳場所。花器、展示台等設施上，隨處擺放著老舊工具與古董雜貨，整體氣氛大大地提升。「植物不會刻意地加以整理，都是以自然樣貌栽培為主軸，希望追求自己想要表現的意境。」植物絕對不會任憑擺佈，或許，這就是植物讓人覺得有趣，且令人深深著迷的原因。

P8／光線明亮的日光室，擺滿外觀獨特的植物。一般園藝店難得一見的珍貴植物也為數不少。

P9／排放在店內的多肉植物。「最大魅力是容易栽培。以體質強健種類居多，留意日照、澆水，最低限度的維護照料就健康地生長。

Flower arrangement

① 蔓生百部
② 珍珠草
③ 小綠球
④ 納麗石蒜
⑤ 火鶴（葉）
⑥ 小米（粟）
⑦ 鬱金香
⑧ 鐵線蓮
⑨ 綠石竹
⑩ 柳枝稷
⑪ 木莓
⑫ 尤加利

綠×白的絕妙搭配
以卓越品味完成花束

赤地先生總是以大膽的發想與創意，完成能協調地融入大自然景色的庭園設計，同時於提案新娘捧花與花藝設計時，可引入纖細優雅，呈現與庭園截然不同的世界觀。

這回製作的是莖部重疊繫綁的螺旋花腳手綁花束。完成的花束充滿著洗練印象，從作品就能夠看出赤地先生挑選花般花束以綠×白的花色運用佔絕大多數，意識到形狀、質感、綠色漸層等，挑選的綠色花材都非常有特色。葉材中加入白花，就能夠營造出濃濃的成熟優雅韻味。不以主花為中心，由邊端開始，完成左右不對稱的花藝設計。一邊運用葉材的優美線條，一邊完成生動活潑、型態獨特的花束。

Flower arrangement

以葉材為主角的花束，搭配充滿高雅凜然意象的白色鐵線蓮，與清新脫俗、綠白相間的複色鬱金香等白花。綠×白漸層色彩，充滿端莊優雅氛圍，卻不會過於素淨單調。

上／以非慣用手握住花材，斜斜地依序插入花莖。慣用右手的人朝著左上方，慣用左手的人則朝著右上方重疊花材。

中／彙整成花束之後，修剪感覺不協調的枝條，進行整理。

下／一邊確認整體協調美感，一邊重疊花材，所有花材彙整成束之後，以麻繩等捲繞繫綁，完成漂亮花束。

特別的日子，一邊想像新人的幸福模樣
一邊完成柔美漂亮的婚禮花飾

佇立於鎌倉材木座的MAYA，是一天只迎接一組客人的飯店，提出名為「結婚之日」的三天兩夜婚禮提案。以兩家之間的家＝「間屋（MAYA）」為設計概念，營造居家氛圍，創造溫馨美好時光。裝飾空間絕對不可或缺的婚禮花飾，由赤地先生一手包辦。完全超脫婚禮框架的草花選擇與搭配，乃至插作方式。這天，赤地先生的世界觀洋溢著整個婚禮會場。

Wedding
flower

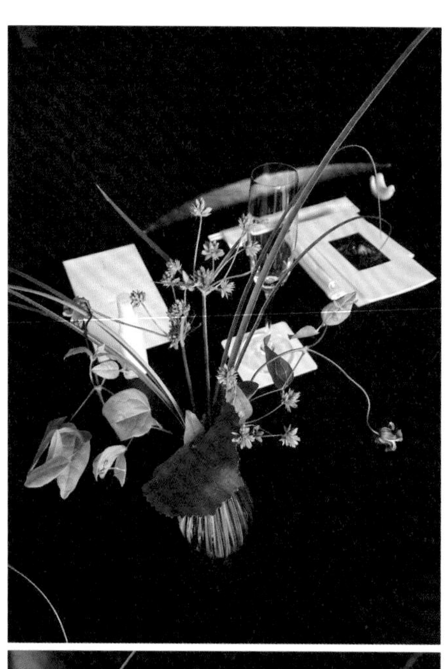

浪漫自然、優雅大器的婚禮花飾

對於赤地先生而言，婚禮花藝設計也是不可忽視的一環。新娘捧花以及送到婚禮會場的布置用花卉、桌花等花藝作品，都是為此特別訂製。重點是運用綠色素材與素雅優美色彩運用。以不斷地產生的自然氛圍彙整出分量感。

Wedding bouquet

豐富多彩的自然美景刺激敏銳感受力

赤地光太郎的庭園

呈現最自然的樣貌，盡量避免人為干擾，但也不希望模仿他人。

思考如何讓漂亮植物，在稱為「庭園」的場地中，展現出最自然迷人的風采——

眺望著山野，不由得讚嘆：這部分的綠色對比真美！

中心的橘色線條真漂亮！

日常生活中不斷地浮現意想不到的嶄新發現與創意構想。

以切花世界為起點的赤地先生所建設的庭園，

都是以敏銳感受性打造而成。光只是眺望欣賞，

心情就會頓時放鬆下來。這樣的庭園，能讓人的靈感源源不絕地湧現。

一望無際的入口處植栽空間，設計簡單，充滿穩重安靜氛圍。植物混雜生長的庭園裡，規劃著方便維護照料與沿路漫步欣賞漂亮景色的庭園小徑。

「以庭園裡栽種樹木為前提。庭園建設的首要工作是選擇庭園樹木。四處拜訪生產農家，了解挑選的樹木是否符合庭園設計意象，相對地，經常請生產農家取得價格更實惠、種類更難得珍貴的樹木時務必聯繫告知。想盡辦法找到最適合的樹木之後，周延考量樹木的種植場所，這就是我的庭園建設風格。當然，考量庭園環境、了解業主喜好與生活型態等，都是決定庭園建設方向性的重要依據。基本上以挑選的庭園樹木為主軸，憑感覺組合搭配植物，完成庭園規劃設計。整個過程都是透過頭腦思考，不會如同一般設計案繪製設計圖。針對種植樹木的種類、數量等，提出植栽清單，從過去實際從事過的庭園建設案例中，找出比較貼近的實例提供參考，希望業主對於整體意象能夠產生共鳴，期待庭園建設順利地進行。

配合環境條件選擇植物，一邊想像著植栽的組合方式，一邊展開作業，植栽更替是家常便飯。過程中充分地發揮想像力，庭園建設構想源源不絕。」

Koutarou Akachi

「令人怦然心動
與樹木的邂逅
一期一會的最佳寫照」

樹皮薄，表面平滑，枝幹紅褐色，深具觀賞價值的日本紫荊。通常主幹與枝條較細，常用於營造纖細氛圍，赤地先生一見鍾情的是尺寸感絕佳、幹肌漂亮，令人深深著迷，種在H宅邸庭園裡（P.24～）的日本紫荊。最受矚目的是枝幹分枝形成的空洞狀態。因粗枝折斷，內部腐蝕而自然形成空洞狀態，形狀獨特，趣味十足，堪稱為大自然創作的藝術品。

庭園規劃實例

運用敏銳感受力與靈感深入探究
猶如從浩瀚森林擷取一部分的世界觀。

—— H宅邸

赤地先生說：「不是要打造典型的日式庭園，規劃庭園時並未刻意地營造兼具自然與都市模糊概念的氛圍。」H宅邸闢建的是以「鄉野小山」為設計概念，處處洋溢懷舊氛圍，充滿樹木故事的庭園。善加利用自生於當地的草木植物，該保留的就好好地保留，全新納入的樹木則非常協調地栽種，配置富於變化，完成了值得好好欣賞的庭園。

屋簷氣派突出的庭園入口，是建築物的象徵。屋簷遮擋形成陰影的場所，以植栽描繪漂亮色彩形成強烈對比。因層層疊疊的綠，孕育出縱深感十足的美麗景色。其次，考量到國外友人頻繁造訪的生活型態，以摩登設計詮釋日式庭園。樹形獨特深具個性的柳杉、質感粗糙的熔岩等，都成了庭園的觀賞焦點，營造出令人印象深刻的景致。奉茶室前配置踏石、淨手石缽，栽種吉野草、龍膽、澤蘭等山野草。栽種苔草、蕨類等地被植物欣欣向榮地蔓延生長，漸漸地形成綠意盎然，優雅寬敞的庭園外觀。

迫近庭園深處的山坡斜面也充分地利用，大量栽種樹木與草花。另一方面，赤地先生說：「一到了冬季，日式庭園容易顯得蕭瑟單調，因此大量栽種落葉樹，希望庭園依然賞心悅目。」從矗立在庭園裡的枯木表情，就能夠深深地感覺出大自然的循環，欣賞到人工無法打造，充滿野趣的優雅景致。

P28／鋪疊平坦石材的階梯入口處。梯級之間空隙栽種蕨類、苔蘚等漂亮綠色植物，大大地提升前往階梯上方庭園的期待感。

P29／鋪設踏石的通道入口處，設置自然區隔內外的竹製結界。沿著踏石通道，朝著庭園深處走去，就抵達奉茶室的躙口（奉茶室特有的狹小出入口）。

選擇植物。

大多使用岩石等天然素材，幾乎都是以蕨類、野草等，生長於山野中的植物彙整構成植栽，譬如說栽種自生於布滿岩石場所的卷柏等蕨類植物。卷柏別名九死還魂草（復活草），適應環境能力強，乾燥缺水時，植株捲縮成團，進入休眠狀態，澆水補充水分，環境充滿濕氣數日之後，枝葉就會再度展開，特徵鮮明，趣味十足。玄關前、庭園裡隨處擺放捲縮成團的卷柏，都是取自茅葺屋頂，生長百年以上，彌足珍貴。連同根盆一起移植，以擺放盆栽的感覺完成配置。

特徵鮮明的庭園樹木。

經常往來購買庭園樹木的生產農家有3至4家，至於向哪一家購買，則依照當時需要國外進口樹木或雜木而定。某種程度上，有固定的交易對象，但承接日式庭園般，每一棵樹都必須展現獨特風采的庭園建設計畫時，必須更用心地挑選，購買株姿端正姣好的樹木。挑選植株不會長得太高大，枝態優美、枝葉冒密生長的樹木。相對地，以雜木打造庭園時，則是選用枝條纖細、姿態柔美的樹木。「就是它！邂逅這樣的樹木實在不容易！」赤地先生說著，從臉上的表情就能看出，挑選樹木的過程也趣味十足。

垂枝楓

柳杉

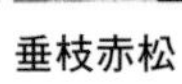

垂枝赤松

玉繩櫻

植物的維護照料。

栽種日本紫萁、澤繡球等，庭園植栽以原生於山野中的植物占絕大多數，而且都是栽種後置之不理也健康地生長的植物，因此不太需要維護照料。栽種植物之後可任憑自由自在地生長，欣賞秋冬季節風情。但考量及隔年新綠期間枝葉向上生長的態勢，亦可進行縮剪、整理枝葉。進行縮剪調整株高、枝態時，避免懷著修剪感覺，由分枝部位修剪才不會太顯眼。「該修剪哪個部位？該保留哪些部分？需審慎拿捏分寸。姿態不佳、顯得雜亂部分斷然修剪，相對地，形狀姣好的枯枝則保留。」此外，赤地先生打造的庭園裡十分常見，附生於岩石上、連同根盆擺放之後壟土栽培的植物，除了賞心悅目之外，都已適應當地環境，且容易栽培而充滿著無限魅力。保留植物最自然的風貌盡情地欣賞，不需要費心維護照料的植栽，漸漸地成為庭園裡的觀賞焦點。

金線草

龍膽

岩沙參（白花）

山野草類植物。

自生於山野中的山野草。姿態甜美可愛，充滿日本四季風情。綻放素雅小花，楚楚動人，葉形、葉色特色鮮明，魅力無窮，耐人尋味。庭園建設的最後階段納入草花，種在樹木的植株基部或雅石之間，構成觀賞重點。

吉野草

垂枝類植物。

鋪地蜈蚣

藍地柏

風知草

沿著斜坡砌疊石材，氣勢磅礴的雅石庭園。石材之間空隙形成袋狀植栽空間，栽種垂枝伸展、匍匐蔓延生長、植株低矮等類型植物。排水情況良好，建議栽種耐乾燥能力強的植物。栽種這類植物，石材與植物自然融合，構成野趣十足的設計。

Green & Garden

近距離地感受大自然的魅力 苔丸的庭園建設理念

增添色彩、豐富生活的自然與綠——
以自由的發想、淵博的知識、獨特的處理方式，
進行提案，打造舒適清幽的庭園。
讓我們一邊欣賞樹木與植物交織而成的美麗景致，
一邊介紹赤地先生設計打造的四個庭園建設實例。

Green & Garden Case 1

綠意盎然的新綠季節欣賞葉色之美。繽紛多彩的觀葉植物庭園。

—— N宅邸

半日照&排水不良的
環境善用觀葉植物
進行土壤改良，克服一切困難

一年四季觀葉植物描畫深淺漂亮色彩，讓人不由地看得出神的N宅邸庭園。由明亮黃綠色，轉變成深綠色，歷經銀葉階段，呈現出紅葉景象，令人百看不厭。「只是不斷地種入喜歡的植物，是無法打造美麗庭園的。」重點是必須非常協調地栽種。先決定喬木，再選擇灌木、地被植物，由高大樹木到小巧植株，依序挑選。最後綜觀整體，以草類植物填補不足處，加入山野草，調整至最協調優美的狀態。配合植物進行土壤改良也很重要。「庭園建設基地原本是堅硬的黏土層，往下挖掘土壤深約30cm，加入新土以改良土質。」進行土壤改良之後，排水情況大幅改善，植物確實地扎根就會健康地生長。庭園植栽以日本固有植物為主。「庭園周圍群山環繞，時常雲霧裊繞，充分活用當地的空氣感，組合完成綠意盎然充滿潤澤感的植栽」。

Garden Map

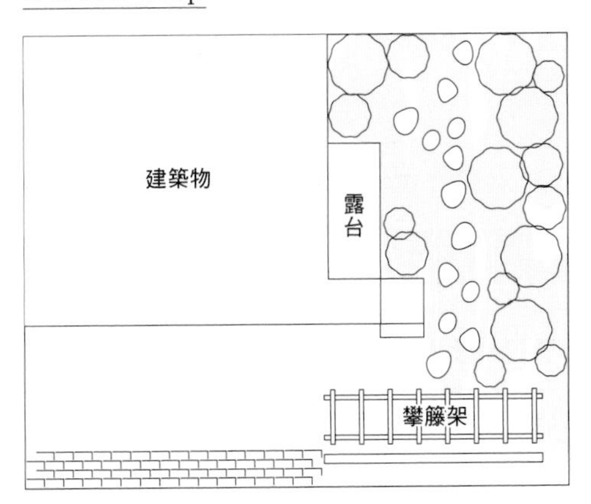

大量栽種地被植物，完全覆蓋土壤。打造沉穩溫馨的空間

豐富多彩的地被植物，大量栽種，能夠邊走邊欣賞。
搭配植株茂盛、匍匐蔓延生長等類型地被植物，活用草姿差異，完成精采植栽。

庭園鋪設的踏石，採用小田原市根府川**開採的根府川石**。熔岩流冷卻凝固後形成，乾燥狀態為褐色，接觸到水呈濕潤狀態則轉變成深灰色。**踏石與植栽的對比**強烈，展現耐人尋味的表情，因此經常採用。另一個特徵是**廣泛採用地被植物**。踏石之間栽種橫向蔓延生長的鴨舌癀、可增添明亮色彩的斑葉白玉草等植物。**一邊意識著綠色漸層效果**，一邊完成整體感十足的庭園角落。

—— from 赤地 光太郎

上／花朵甜美可愛，長著圓鼓鼓球形花座的白玉草。斑葉當作觀葉植物也深受喜愛，匍匐生長的草姿，適合作為地被植物。 下／抗病蟲害能力強的鴨舌癀。維護照料輕鬆，確實地扎根深入地下，水土保持效果絕佳的植物，繁殖力旺盛，還可防止雜草生長。

面向道路的屋前庭園，設置攀籐架，遮擋外來視線與強烈西曬陽光。當初對於庭園建設並無具體的要求，沒想到以不同葉色觀葉植物，完成的亮眼遮蔭庭園意象，竟然與我心中期盼的不謀而合。庭園裡還栽種好幾種我很喜歡，而且在遮蔭處也健康地生長的玉簪。庭園深處栽種長著漂亮銀葉的胡頹子、植株高大的尤加利，遮擋陽光，形成涼爽樹蔭。小鳥聚集樹林間，啁啾啼聲成為最優美的晨喚音樂！

—— from N先生

彙整栽種植物，構成茂密植栽，營造層次感，展現豐富多彩樣貌。」

聆聽了解業主的植栽喜好，確定「打造遮蔭庭園」的方向性，順利地完成設計。搭配栽種高大喬木與低矮灌木，刻意地形成遮蔭，打造炎熱夏季也充滿涼意的庭園。適度地彙整栽種灌木、草類、花卉類植物，自然形成立體感十足，充滿協調美感的景色。面向道路的細長形庭園用地，考量及外來視線，規劃蜿蜒小徑，營造縱深感也是庭園設計重點。目前已成為植株茂盛生長，樹葉層層疊疊形成絕妙景色，大大地提升前往屋後庭園的期待感，且樹葉適度地遮擋視線，讓人想悠閒漫步眺望欣賞的美麗庭園。

—— from 赤地 光太郎

左頁．左／樹形優美的垂枝種加拿大紫荊Lavenda Twist。春季期間枝頭上開滿紫紅色小花。 右／葉面不規則地分布著白粉狀葉斑，充滿典雅意象的白錦八角金盤。耐陰能力強，常綠性植物，遮擋視線效果佳。

右頁／縱長形庭園用地，打造葉片層層疊疊，漂亮葉色深深吸引目光的景色。圖中右上方空間栽種紅葉李，長著褐色葉，成了觀賞重點。

樹木下方以耐陰性植物增添色彩的遮蔭庭園。相較於日照充足的場所，澆水頻率較低，維護照料輕鬆愉快。

打造
最佳拍照場景

N宅邸的

植栽設計

Planting Design

植物自由自在地生長的遮蔭庭園

恬靜溫馨，營造典雅時尚氛圍的遮蔭庭園。適合採用的花卉植物種類較少，相對地，善用葉形、葉色差異而顯得格外耀眼突出。開淺粉紅色花的加州丁香花，種在遮蔭處也健康地生長而雀屏中選。耐寒能力強，開花期間長，值得好好地欣賞。除此之外，栽種大吳風草、北美瓶刷樹等耐陰性植物，用心組合，遮蔭處也可以打造成綠意盎然，賞心悅目的空間。

1 穗花牡荊

以掌狀細葉最具特徵，歐洲地區自古採用的香草植物，據歷史記載，曾經為胡椒的代用品。容易栽培，一到了夏季，枝頭上綻放清爽紫羅蘭色花朵。

2 加州丁香花

加州紫丁香種類之一。聚集綻放小花，春末至初夏期間，枝頭上開滿粉紅色花朵。耐暑熱、耐寒能力強，體質強健，但不耐潮濕，夏季維護照料需留意。花後修剪，秋季再度開花，美不勝收。

3 大吳風草

葉色深綠具光澤感，種在遮蔭處增添明亮色彩，也適合種在樹木下方或當作地被植物。原產於日本，不需要費心維護照料，以耐蔭能力強最具特徵。秋季至冬季期間，由植株基部抽出花莖，頂端綻放黃色或白色花朵。

4 西洋接骨木

落葉灌木至中高喬木，春季綻放白色花朵，夏季結黑色果實。耐潮濕、悶熱能力弱，需種在日照充足、通風良好的場所。植株旺盛生長，進行修剪調整，可栽培成大株。適合於春季至秋季期間進行扦插繁殖。

N宅邸的
植栽設計
Planting Design

不採多色搭配策略，以喜愛的花色，營造優雅氛圍。

綠色植物之間搭配栽種花卉植物，以清爽藍色、清新白色為主要花色，構成配色優雅的植栽。這兩種顏色是單純栽種綠色植物，顯得太單調時搭配栽種，既不會喧賓奪主過於突出，又能夠自然融入葉色的萬能色彩，不妨善加利用。清新素雅卻能夠大大地發揮配色效果，也非常適合遮蔭庭園栽種構成觀賞焦點。這回於雅石之間栽種澤繡球（藍姬）與白花泡盛草，重現美麗景象，洋溢著自然美感。與布滿青苔沉穩潤澤的雅石相互輝映，優雅氛圍濃厚，氣勢不凡。

1 澤繡球 藍姬

開深藍色花，氣質高雅，深受喜愛的澤繡球。適合日照充足至半遮蔭場所栽種。體質強健，容易開花，耐寒、耐暑熱能力強，日本全國各地都適合栽培。成長速度緩慢，不太需要修剪。花色隨著土質與環境而呈現不同的變化。

2 多年生草本柳穿魚

耐寒能力佳，多年生草本植物，初夏期間綻放纖細穗狀花。長著銀色葉，適合當作彩葉植物善加利用。喜愛乾燥環境，適合種在感覺乾燥的場所。勤快地摘除花柄，賞花期間更長久。

3 泡盛草

適合遮蔭處栽種增添明亮色彩，開花期間陰雨綿綿也不會損傷花朵，能夠盡情活用的花卉植物。抽出圓錐形花穗，與茂盛生長的葉十分協調，草姿充滿安定感。夏季高溫乾燥容易引發葉燒現象而植株弱化，移往半遮蔭場所，以排水良好土壤栽種為宜。

4 斑葉山葡萄

枝條旺盛生長的蔓性植物，適合庭園栽種，匍匐地面生長或設置圍籬攀爬。長出葉片之後，葉面漸漸浮現葉斑而吸引目光。夏季進入尾聲時開始結果，展現不同的風采，值得好好地欣賞。

And More

Plants List

N宅邸的植栽圖鑑

澳洲藍鐘藤

初夏至秋季期間，綻放模樣可愛的鐘形小花。陸續長出蔓性枝條，捲繞生長。體質強健，植株旺盛生長，不希望植株長得太高大時，勤快修整蔓藤，調整樹形。

夏櫟

原產於歐洲的枹櫟，遠看就一目了然，長著鮮豔黃綠色葉，葉色十分漂亮的品種。葉漸漸地轉變成綠色，與新葉的鮮明對比也值得欣賞。耐寒能力強，容易栽培的樹木。

玉簪（Big Daddy）

長著渾圓杯形藍色大葉，葉色飽和亮眼。幼株時期靠近地面長出葉片，隨著植株成長，長出大葉，挺立生長。不太喜愛日照，種在半遮蔭場所，漂亮葉色維持得更長久。

Senecio mandraliscae

長著漂亮銀藍色葉，原產於非洲的多肉植物。耐乾燥能力非常強，高溫時期不澆水，擺在通風良好場所維護照料。具有耐寒能力，也適合寒冷地區以地植方式栽培。

懸穗薹草

春末期間抽出綠色花穗，漸漸地轉變成褐色，風情萬種的草類植物。枝條頂端垂掛著修長花穗，姿態獨特。植株高挑修長，日式、西式庭園栽種都很搭調。

紅葉李

李子樹的同屬植物，長著紫紅色葉，成為庭園的觀賞重點。春季期間綻放淺粉紅色花，花朵略小於染井吉野櫻，夏季至秋季期間結小巧果實。果實可實用，但味道微酸，適合釀造水果酒與製作果醬。

粉花繡線菊（Gold Frame）

長著萊姆色葉，葉尾染紅，初夏期間綻放柔軟飄逸的粉紅色花朵，十分華麗。生長速度快，株姿易雜亂，花後及早進行縮剪、調整株姿，栽培成小巧可愛植株。

風知草

隨風搖曳的草姿與明亮葉色，充滿沁涼意象，與分布葉面的葉脈形成鮮明對比，美不勝收。植株茂盛生長，可栽培成大株。半遮蔭環境栽培，葉色更美。

Green & Garden Case 2

以雜木＆山野草
打造光影交織、舒適優雅環境

—— K宅邸

植物旺盛地生長，隔著植栽，建築物若隱若現，走上庭園通道，對前方的開闊空間充滿著期待感。

乍看是山野般大自然景色——打造個性十足的植栽形成觀賞重點

大量栽種雜木，營造出立體感的K宅邸庭園。坐落在住宅區地勢較高的臺地上，借用鄰地櫻花作為背景，縱深感十足的景色渾然天成。

赤地先生的設計構想是，納入遮蔭處栽種也健康地生長的植物，打造出感覺很自然，但充滿恬靜溫馨氛圍的庭園。K宅邸日照過於充足，因此栽種垂絲衛矛、水蠟樹、小葉光臘樹等雜木，刻意地形成遮蔭，植栽空間除了日本山野草，還交織栽種園藝品種等草類植物。搭配栽種蕾絲花、雙色野鳶尾等開白色花的植物，形成觀賞重點。精心規劃植栽空間，從建築物的任何方向眺望都賞心悅目，置身K宅邸就像投入綠意盎然的大自然懷抱。「廣泛栽種落葉樹，枝葉紛紛掉落，冬季氛圍越來越濃厚，也是這座庭園的重大特徵。建設計畫順利完成，目前已經成為一座能夠隨著季節更迭欣賞不同景色變化的庭園。」

Garden Map

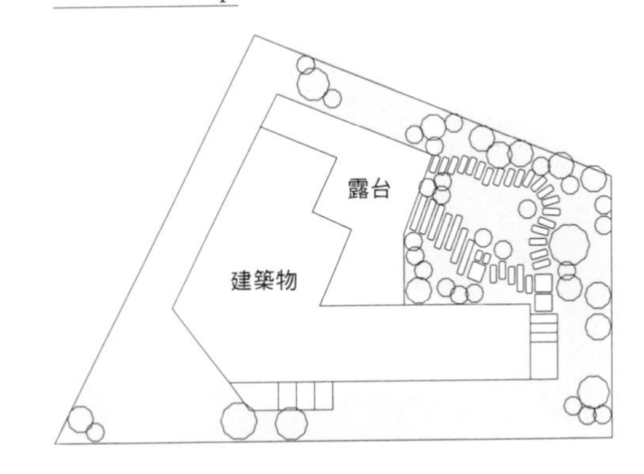

「精心計算光線照射的角度與場所，深入思考草類植物的納入方式。」

左／庭園照明的燈柱周邊，配置熔岩當作花盆，栽種山野草，以充滿野趣的植栽吸引目光。 右／陽光穿過樹梢灑落下來，照亮薹草、玉龍草等草類植物的中庭。園藝品種植物與山野草自然融合，欣欣向榮地生長。

雜木圍繞的中庭，中央栽種草花、山野草、草類植物，降低植株高度，意識著「穿透性」，陽光照射時宛如打亮聚光燈。細葉薹草照射到光線而閃閃發光，遮蔭庭園最完美的呈現。其次，微風輕輕吹過，葉片相互摩擦，颯颯作響，充滿沁涼意象。栽種草類植物時，分成群植與細分栽種部分，感覺更加生動活潑，完成的植栽更富於變化。

—— from 赤地 光太郎

「突破傳統的室內與室外概念，打造綠意盎然的空間盡情地欣賞。」

起居室窗外是佔地寬廣、分量感十足的植栽空間。可坐在起居室前的庭園座椅上，悠閒地眺望中庭景色。

在建築物的任何角落都能夠欣賞視野遼闊、茂密蒼翠的景色，以此為設計概念的K宅邸。家人團聚的起居室設置半腰窗，能夠靜靜地欣賞庭園美景，在屋簷縱深感十足的露台上，也能夠盡情地欣賞漂亮植栽，那麼居家空間與綠意盎然景色的整體感自然產生。最值得關注的部分是降低地板高度，呈現半地下狀態的主臥室，與相鄰的起居休閒空間。面向庭園設置窗戶，活用窗外視線高度，栽種草類植物。雙色野鳶尾、圓錐繡球等植物的葉與植株基部近在眼前。宛如**躲在土裡以非常奇妙的感覺**欣賞蒼翠美景，設計構想十分獨特。

—— from 赤地 光太郎

上／形成高低差建蓋主臥室於半地下，可站在窗前，由通常看不到的角度，眺望樹木與草類植物。　左下／白葉釣樟、小葉光臘樹近在眼前，設置正方形窗戶的起居休閒空間。擷取庭園一角似地，景色漂亮得像一幅畫。　右下／樹木的植株基部周邊種滿草類植物。植物茂盛生長，確實地發揮遮擋外來視線的作用。

新綠季節植物綠油油地生長，寒冬時節紙窗上映照著樹影，能夠隨著季節變遷，身臨其境地感受大自然脈動的庭園。待在屋裡依然滿眼綠意，推開餐廳的門，就置身於青翠優雅環境中，充滿著整體美感。大量地以雜木材質的枕木鋪設庭園小徑，由入口處進入，感覺就像穿過茂密的森林。

—— from K先生

左頁．左／原本鋪成直線狀的大谷石，組合枕木，形成柔美曲線，重新鋪設完成的庭園通道。普剌特草在石材之間蔓延生長，充滿著大自然氛圍。　右／不經由玄關，穿過中庭，可直接進入餐廳的入口處。以雜木類喬木與山野草孕育出大自然景色。

右頁．上／玄關前庭園，栽種小葉光臘樹與小葉羽扇楓。山野草植株間納入熔岩營造冷冽沉穩氛圍。　左下／長著漂亮極細葉，描畫直線條似地向上生長的多鬚草。春季期間抽出穗狀花序，綻放乳白色花朵。　右下／風知草、圓錐繡球等葉色明亮的植物，與色澤典雅的黑花老鸛草的色彩對比更是美不勝收。

打造
最佳拍照場景

K宅邸的

植栽設計

Planting Design

混植灌木與草類植物營造縱深感

植栽綠意盎然，景色漂亮的入口通道，精心配置而充滿協調美感的灌木、茂盛生長的草類植物，混植不同類型的植物，構成縱深感十足的植栽。大量栽種草花，除了襯托雜木之外，還在冬季落葉的樹木周邊，栽種四季常綠的草類植物，秋季至冬季期間的景觀維持效果絕佳。草類還可發揮地被植物作用，有效地防止雜草生長。

1 圓錐繡球

具有耐寒能力的落葉灌木，枝頭抽出圓錐形花序，開滿花朵，繡球花的同屬植物，但花趣味不同於一般繡球花。葉色鮮綠，於花朵不再盛開的夏季，綻放帶黃色的白色花朵，甜美可愛。

2 風知草（斑葉種）

陸續抽出嫩莖，欣欣向榮地生長，長成叢生型之後，下垂生長，長出細葉。長著明亮黃色葉，深具觀賞價值，是不可多得的彩葉植物。種在遮蔭處也健康地生長，耐寒、耐暑能力強，容易栽培。一到了開花季節，由葉片之間抽出花序，聚集成小穗，形成花穗。

3 白木烏桕

樹皮灰白，樹形自然，充滿道地雜木氛圍。幹肌平滑，相對於修長樹形，長著碩大葉片，特徵鮮明。初夏期間抽出黃色總狀花序，可能出現無花瓣，只見花蕾的情形。秋季呈現紅葉景象，轉變成色澤深濃的鮮紅色。

4 雲南磯山椒

長著纖細葉，充滿涼感，橫向生長的株姿最具特徵。擺在日照充足、通風良好場所維護照料，植株健康地生長，初夏期間綻放白色花朵。

K宅邸的

植栽設計

Planting Design

一望無際、草木蒼翠的景色，充實地被植物，打造具觀賞價值的場面

拼接似地組合在一起的大谷石與枕木之間，栽種草類植物，構成絕妙協調美感。單純栽種地被植物而容易顯得太單調的部分，大量栽種彩葉植物，植株基部的明亮氛圍大大提升。薹草的西洋植物意象十分濃厚，與雜木、雅石的搭配性也絕佳。鎖定一種草類植物，襯托雜木樹形，擬訂植栽計畫時還仔細地計算過。

1 普刺特草

明亮綠色葉朝著四面八方長成地毯狀，活用低矮株姿，當作地被植物納入庭園的建設實例也很常見。適合庭園小徑、踏石之間、雅石庭園栽種。開花季節綻放星形小花。不耐高溫潮濕，悉心照料，避免環境太悶熱。

2 蕾絲花

白色蕾絲般纖細花姿，隨風搖曳草姿都美不勝收。莖部容易分枝，植株群生的多花性植物，深具觀賞價值。基本上視為一年生草本植物，成熟種子即可繁殖，每年都能夠賞花，令人激賞。體質強健，耐寒能力強。

3 刺葉桂櫻

自生於溫暖地區的日本固有種植物。樹皮為略帶紫色的黑褐色，常被當作庭園樹木的常綠樹。幼株時期長著鋸齒狀葉，狀似冬青葉，隨著植株成長，鋸齒狀越來越不明顯。秋季期間開滿白色小花，觀賞價值高。

4 薹草

包含園藝品種，種類非常多。細葉隨風搖曳，線條柔美，葉色多彩，是廣為熟知的彩葉植物。具有耐寒能力，遮蔭處也適合栽種，容易栽種而深深吸引園藝初學者。適合栽培成大株，當作地被植物。

And More
Plants List
K宅邸的植栽圖鑑

紫莖澤蘭
夏季至秋季期間陸續綻放花朵，狀似小薊花，非常適合以地下莖繁殖，也適合當作地被植物。具耐寒、耐暑熱能力，體質強健，放任生長也欣欣向榮，非常適合初學者栽培。

多鬚草
原產於澳洲的常綠草類植物。硬直線條與平面細葉，存在感十足。充滿冷冽沉穩氛圍的庭園也非常適合栽種。種在日照充足至明亮遮蔭場所就健康地生長，耐乾燥能力強。

清澄東風菜
充滿沉穩氛圍，秋季開花的野菊種類之一。莖部修長，枝頭綻放可愛小花。莖葉粗糙，表面密布纖毛，枝葉纖細，直立生長，體質強健，容易分枝。

日本蹄蓋蕨
初夏期間葉面分布白色或暗紅色葉斑，廣受喜愛的彩葉植物。葉片碩大，質地柔軟，葉形獨特。冬季葉片枯萎，進入休眠，在雪地裡過冬。適合於明亮遮蔭、半遮蔭場所栽培。

三裂釣樟

春季期間綻放黃色小花的雜木，樹皮表面分布著圓形白斑，特徵鮮明。長著淺褐色枝條，葉尾三裂，形狀獨特。葉表分布著三條葉脈十分醒目，葉背帶粉白色。不易落葉，紅葉時期轉變成黃色。

加拿大唐棣

春季綻放白色花朵，初夏結紅色果實，秋季欣賞漂亮紅葉，一年四季都充滿迷人風采的花卉樹木。罹患病蟲害情形少見，容易栽培。通常以自然形態栽培，不太需要修剪。

雙色野鳶尾

花姿狀似鳶尾，白色花瓣上分布著黑色斑點而更加耀眼，花色組合罕見珍貴。原產於南非的常綠種，長著劍狀細葉，草姿奔放。耐乾燥能力稍強，體質強健，容易栽培。

磯菊

日本固有種野菊，於花朵不再盛開的秋季至入冬時節綻放鮮黃色花朵。非常適合以地下莖繁殖。植株茂盛生長，長成叢生型。喜愛日照充足、通風良好的場所，夏季乾燥需留意。

Column1

赤地先生
熱情推薦

GARDEN STONES －庭園雅石－

赤地先生設計的庭園裡隨處可見「庭園雅石」。庭園配置雅石時，對於石材的質感、色澤、大小等都有相當充分的考量。採用的都是原本就存在宅邸裡的石材，或精心挑選的老舊二手石材，再加上用心地鋪設，因此都非常自然地融入庭園空間裡。針對石材鋪設方式，擺放場所等，改變觀點，避免石材太顯眼，完成充滿協調美感的配置。

六方石

自古以來廣為日本庭園採用，大大提升庭園影響力與存在感的石材。
外觀粗獷氣勢磅礴、布滿青苔呈現經年變化、
略微圓潤感覺很溫暖等，石材各具特色，展現不同的風情，充滿無限魅力。

鎌倉石

淺間石

大谷石

輕石

Green & Garden Case | 3

宛如走在森林間。綠葉層疊、充滿涼感、綠色資源豐沛的庭園。

── Y宅邸

容易被當作雜草的魚腥草也融入植栽，營造出大自然風情濃厚的世界觀。

深入了解氣候與土壤環境
打造大自然風情濃厚的美麗庭園

「打造這座庭園時，最需要克服的難關是，山上不斷地湧出的泉水。水滲入地下而形成積水，植物直接種入土壤裡，容易引發根腐病，因此必須設法改善土質。」重點是更換土壤與採高植方式以確保排水。植株基部土壤高高隆起，栽種時植株上部高於地面以確保排水性。確實地改善栽培環境，植物終於健健康康地生長。另一個難關是庭園位於海風嚴重影響的地帶，原本栽種的日本冷杉、連香樹等植物予以保留，重新加入的庭園樹木則刻意地減少。「好不容易才種入庭園裡，植物若枯萎掉，那就得不償失，因此納入這座庭園的新成員只有玄關前的白鵑梅、紅葉李、落羽松（Falling waters）。大量納入先前未曾栽種過的草類植物，大大地提升地被植物的分量感，完成Y先生深深期盼，植物欣欣向榮生長的美麗庭園。」

Garden Map

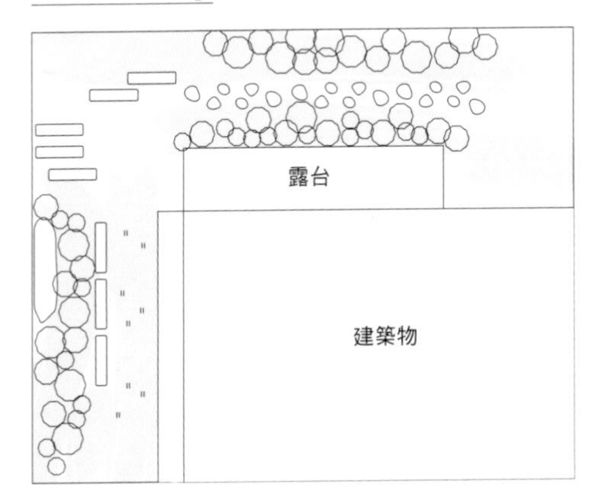

「外觀素樸，感覺溫暖的天然石材。大量採用自古廣受喜愛的素材。」

左頁／鋪設鎌倉石的庭園小徑。自然地融入綠意盎然的植栽空間。

右頁．左／枕木×熔岩，充滿野趣的組合。可以踩踏，維護照料植栽空間深處的植物時，不必擔心造成損傷。右／表面布滿青苔，充滿獨特韻味，與魚腥草的素雅白花構成絕妙色彩搭配。

原本就存在Y宅邸的**鎌倉石**。為了維護大自然景觀而嚴禁開採的貴重石材，用於鋪設庭園通道，納入植栽空間，完成庭園設計。砂岩種類之一，因為摩擦等因素磨去稜角，略帶圓潤感，以及經年劣化痕跡，都是鎌倉石的魅力所在。其次，**容易吸水，生長青苔**，因此是營造沉穩氛圍的絕佳素材。此外，積極採用枕木與熔岩等素材，除了營造立體感，大大提升庭園觀賞價值，**進入植栽空間維護照料植物時，還可以確保踩踏場所，不必擔心造成損傷**，十分便利。

—— from 赤地 光太郎

「每個區域的設計意象都令人眼睛為之一亮。日照充足場所，以原野為設計概念，

希望建築物四周充滿著綠意而劃成L型的Y宅邸庭園。相對於木造露台前營造自然氛圍，另一處空間納入植栽與庭園雜貨時，懷著「洋」的設計概念。沿著圍籬闢建帶狀花壇，前側**鋪貼大片草皮，栽種幸運草，**避免過度建設，充分活用大自然風貌。設計重點是，與花壇的交界處鋪設枕木，避免草皮過度蔓延生長。隨處擺放**浴缸、水盆、牡蠣養殖籃**等老舊容器，恰如其分地取代了花盆。以自由的發想納入庭園裡，完成趣味性十足的設計。

—— from 赤地 光太郎

左頁／配合細長庭園用地，以連香樹、相思樹（Blue bush）等樹木為中心，闢建帶狀花壇。

右頁．左上／原本就設置在庭園裡的石燈籠，當作花台，充分利用。牡蠣養殖籃，栽種多肉植物，充滿協調美感地配置。左下／老舊浴缸栽種旺盛生長的櫻桃鼠尾草。 右／後高前低，搭配栽種高挑與低矮植株，構成立體感十足的植栽。

植物欣欣向榮地生長。」

原本就在我家的石材、睡蓮盆等，善加利用，與草木融合在一起，充滿協調美感，讓我十分感動。原有的和風庭園，趁建築物改建，考慮改造成西式庭園，希望完成非常協調地融入周邊環境，充滿自然美感的設計。現在，我早上一醒來就會推開窗戶，吸足了新鮮空氣與樹木的味道，才展開一整天的行程。每天都能夠近距離地感受植物的脈動，綠意盎然的庭園，已經成為我的維生素來源。

—— from Y

打造
最佳拍照場景

Y宅邸的

植栽設計

Planting Design

樹木與草類植物自然連結，營造整體感，打造絕佳拍照場景。

建設重點是木造露台周邊，種滿草類植物，植株與露台相同高度，連結空間。如此一來，就能夠彙整出充滿整體感的景色。無法地植栽培的場所，擺放盆栽，確實地填滿空間。栽種樹形獨特的落羽松（Falling waters）、長葉松等庭園樹木，吸引目光，避免植栽空間顯得太單調。完成獨特葉形、葉色層層疊疊，彼此襯托魅力，縱深感十足，賞心悅目的植栽設計。

1 紅葉李

從冒出新芽至冬季落葉為止，一直長著紅色葉。3月上旬開花，花色素雅，花朵可愛楚楚動人。耐寒、耐暑熱能力強，容易栽培的庭園樹木。

2 落羽松（Falling waters）

廣泛分布於北美地區的落葉性針葉樹。枝條橫向伸展，枝尾下垂，以獨特樹形最具特徵。秋季轉變成褐色，冬季連同枝條落葉。適合溫帶地區栽種，耐寒能力稍弱的樹木。

3 雲龍構

以紫色細葉最具特徵，十分吸睛。具有耐寒能力，地植栽培時，植株匍匐生長，也適合栽培作為地被植物。

4 毛櫻桃

花朵狀似梅花，花後結果，梅雨初期結紅色果實，直徑約1cm。喜愛日照充足、排水良好場所，耐乾燥能力強，濕氣太重時需留意。盆植栽培時避免缺水或太潮濕，悉心照料。

5 日本香簡草（白霜柱）

日本固有種植物，尚無自生於日本以外地區的相關記載。耐寒、耐暑熱能力強，容易栽培的品種。初秋抽出花莖，頂端開滿白色小花。初冬莖部枯萎，形成霜柱般冰狀結晶，成為日文名稱由來。

6 長葉松

褐色樹皮略帶紅色。葉長可達40cm以上，三葉束生，微微扭轉下垂。生長速度相當緩慢，不太需要維護照料。適合種在日照充足、排水良好、土壤肥沃的場所。

Y宅邸的

植栽設計

Planting Design

樹木的植株基部選種遮蔭環境栽培也健康地生長的植物。

庭園深處的角落上，栽種耐寒、耐海風能力強的白櫟。冬季也不會落葉的常綠樹，非常適合鎌倉地區土壤環境栽種的樹木。白櫟長成高大樹木之後，植株基部容易形成遮蔭，因此選擇葉色明亮、四季常綠的植物，避免顯得太單調。「以葉形、葉色、質感等差異，增添變化，充實植栽，覆蓋土壤。選種不需要費心維護照料的植物，也是植栽空間設計要點。」

1 桔梗蘭

帶藍色的劍狀草姿，外形清新，充滿野趣。初夏期間低頭綻放淡雅水藍色星形花。花後結漂亮的綠色果實。體質強健，容易栽培，也適合栽種作為地被植物。

2 大吳風草（福壽牡丹）

長著碩大圓葉，具光澤感，四季常綠，茂盛生長。葉緣荷葉狀帶皺褶，秋季皺褶最多。適合遮蔭環境栽種，種在樹木的植株基部增添色彩。

3 白櫟

充滿涼爽、輕盈氛圍的庭園樹木。體質強健，基本上淋得到雨的場所才適合栽培。夏季乾燥時期澆水亦可。抗病蟲害能力強，不太需要費心照料，討厭移植，需留意。

4 玉簪

種在遮蔭環境也健康地生長，遮蔭庭園最具代表性的植物。具耐寒、耐暑熱能力，容易栽培。搭配栽種不同葉色、葉形、大小的種類，初夏期間綠意盎然，是深受喜愛的彩葉植物。

And More
Plants List
Y宅邸的植栽圖鑑

藍色相思樹
以漂亮銀藍色葉色最具特徵。容易分枝，長著纖細葉片，植株旺盛生長。春季開花期，開滿黃色花，深具觀賞價值。種在日照充足、空氣流通、排水良好的場所維護照料。不耐移植，需留意。

雲龍榛
枝條彎曲生長，深具觀賞價值的綠葉灌木。葉略微捲曲。不太需要修剪，株姿太雜亂時則整理枝條。另有近親種歐洲榛（西洋榛）。

紅果金粟蘭（DARK CHOCOLAT）
紅果金粟蘭（千兩）是日本家喻戶曉的過年吉祥應景植物。DARK CHOCOLAT為新綠時期呈現典雅黑紫色的品種，相當廣泛採用的彩葉植物。喜愛半遮蔭環境，適合種在樹下等可避開直射陽光的場所。

桑葉葡萄
野生葡萄種類之一。葉緣呈現葉裂狀態，以捲鬚攀附其他植物生長。種在日照充足場所，成長速度相當快速。花後結球狀果，直徑約0.5至0.6cm，夏季至秋季果實成熟轉變成黑色，葉呈現楓紅景象。

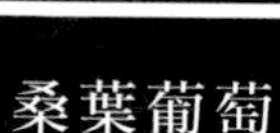

紐西蘭麻

由地際長出修長尖銳葉片，呈放射狀展開，草姿漂亮，長著紅、紫色葉或斑葉，葉色豐富多彩。具有耐寒能力，抗病蟲害能力也強，初學者栽培也不困難。最適合庭園栽種構成觀賞重點。

三葉雪草

容易分枝，花莖頂端開滿白色星形小花。栽培成大株，由植株基部抽出花莖，長成叢生型，欣賞群生景色，十分壯觀。種在半遮蔭環境也健康地生長，遮蔭庭園也適合栽種。秋季呈現楓紅景象美不勝收。

北美瓶刷樹（Blue Shadow）

別名白花繼木，以充滿涼感的帶藍色圓葉最具特徵。初春季節綻放刷狀白花，秋季呈現楓紅景象，轉變成黃色或橘色，一年四季展現不同的風貌，賞心悅目。栽種後放任生長，植株依然茁壯，體質極為強健。

藍地柏

密集長出帶藍色纖細漂亮葉片，植株匍匐生長的蕨類植物。喜愛避開直射陽光的半遮蔭環境，耐乾燥能力弱，嚴禁缺水。生長期充分地澆水，悉心栽培。

※可能分類為龍舌蘭科或百合科。

Green & Garden Case 4

以觀葉植物為主，
空間看起來更加明亮、寬敞。
空間有限，植物還是
賞心悅目、健康地生長。

—— CIPOLLIN

為庭園通道增添色彩，色形變化萬千的觀葉植物。以葉片碩大充滿安定感的大吳風草、纖細小葉洋溢優雅氛圍的鐵線蕨、兔腳蕨，營造層次感。

確定庭園觀賞角度
栽種植物構成植栽
就是打造賞心悅目場景的訣竅。

處處充滿著綠意，於當地相當受歡迎的義大利餐廳。這次承接的是連結前側咖啡廳區與後方隱約可見的餐廳區，位於庭園入口處的建設工程。細長植栽空間，其實並不寬敞，栽種光臘樹、流蘇樹等庭園樹木，搭配栽種草類植物，覆蓋植株基部，完成分量感十足的植栽。縱向鋪設枕木，引導視線進入後方，營造縱深感。此外，植栽空間位置低於露台，不拘泥於平視欣賞，窺探似地俯瞰欣賞景色的設計也十分新鮮有趣。
植栽之間暢行無阻，但空間規劃不是以通行為主要目的，希望打造一座從大廳入口、露台方向眺望，都賞心悅目的庭園。「打造一座任何角度欣賞都美不勝收的庭園，難度相當高。重點是設計規劃時必須了解庭園的觀賞角度。」

Garden Map

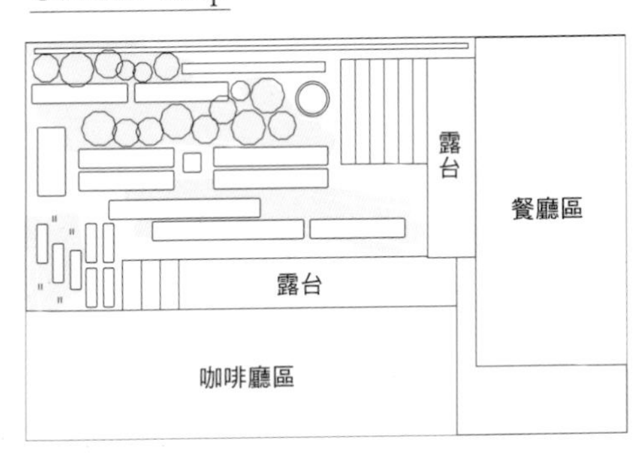

庭園入口處栽種流蘇樹，植株基部搭配栽種草類植物，乍看採用地植方式，分量感十足，靠近後仔細看才發現，**那是草類植物分別種入花盆，非常協調地配置的設計巧思**。換句話說，不是採用地植方式，是一盆一盆地排入草類盆栽構成植栽。包括石楠杜鵑（左上）、山野草組合盆栽（中央上），都是岩石上部或凹處加入土壤，以播種、扦插等方式栽培的成果。馬醉木（右上）則是連同根盆直接擺放構成植栽。這是植栽空間較少場所，營造分量感效果絕佳的方式。期盼納入這處植栽空間的**山野草組合盆栽，經過2至3年的栽培，都能夠展現出最迷人的風采**。植物成長過程中建議耐心地觀察，悉心地照料。

—— from 赤地 光太郎

「摒棄先入為主的觀念，創意構想無遠弗屆。組合構成令人耳目一新的美麗風景。」

左／布滿青苔展現獨特風情的石材周邊，栽種橫向蔓延生長的圓葉虎耳草。常綠植物，一年四季都賞心悅目，是構成地被植物的絕佳素材。　右／入口通道一角，配置淨手石缽營造沉穩氛圍，增添清涼意象。石缽不裝水，加入土壤栽種苔蘚植物欣賞。

希望擁有的是「原本就存在這塊土地上的氛圍能夠自然地融入」的庭園。意識著店內眺望欣賞庭園的視野，完成綠意盎然植栽空間規劃。最喜歡的是植物綠油油地生長，顯得格外耀眼突出的梅雨季節。以葉形漂亮的流蘇樹與灰木，旺盛生長為植株基部增添色彩的草類植物，構成賞心悅目的庭園。精心規劃完成的是，大量納入和風植栽與雅石等要素，與建築物搭配性絕佳，且不太需要費心維護照料庭園設計。

—— from **義大利餐廳「CIPOLLINO」**

打造
最佳拍照場景

義大利餐廳「CIPOLLINO」的
植栽設計
Planting Design

精心計算植栽配置，孕育出美不勝收的場景。

為了避免雜草生長，希望確保踏腳處，地面鋪設枕木與大谷石，大量栽種常綠植物，將下葉當作地被植物，覆蓋土壤。處於半遮蔭狀態的植株基部，栽種紅果金粟蘭（千兩）與兔腳蕨等，搭配喜愛遮蔭環境的植物。呈現楓紅景象與花後也深具觀賞價值的澤繡球，悉心栽培，茂盛地生長，成了觀賞焦點。適材適所地配置，配合環境改變栽培方式等周延考量，孕育出美不勝收的場景。

1 小葉羽扇楓

放任生長也欣欣向榮，樹形端正，植株較小，成長速度緩慢。枝葉稀少，幹部纖細，容易栽培。略微圓潤的葉形，充滿自然意象，不論西式或日式庭園，都很適合栽培作為象徵樹，輕易地融入庭園氛圍。

2 兔腳蕨

蕨類植物特徵鮮明，葉充滿涼感，喜愛濕度較高的半遮蔭環境。避開容易引發葉燒現象的直射陽光，擺在樹木的植株基部、日照充足的屋簷下等場所維護照料。日本關東以南氣候溫暖地區，擺在室外也ＯＫ。

3 光臘樹

密生葉色明亮的綠色小葉，株形優美，四季常綠的庭園樹木。體質強健，不太會罹患病蟲害，容易栽培，但成長速度快，需要定期地修剪。喜愛日照充足與通風良好的環境。夏季期間綻放白色花。

4 澤繡球

生長於濕氣較重的半遮蔭場所。品種多，花色、花姿豐富多彩。長著薄薄的細長形小葉。野趣十足的樹形、充滿涼感的花朵，輕易地融入大自然美景。炎夏期間避開直射陽光，擺在通風良好的場所悉心照料。

And More
Plants List
義大利餐廳CIPOLLINO的植栽圖鑑

馬醉木

初春時節綻放一串串吊鐘形小花的花卉樹木，無論日式、西式庭園栽種都賞心悅目。四季常綠，生長速度緩慢，種在遮蔭環境也健康地生長，耐寒能力也強，容易栽培。植株茂盛生長，栽培成叢生型，株姿自然有型，維護管理也輕鬆。

維吉尼亞鼠刺

原產於北美洲，白色穗狀花、秋季呈現楓紅景象的葉都賞心悅目的庭園樹木。樹形自然端正，幾乎不需要修剪。長著橢圓形葉，葉緣呈鋸齒狀，枝條筆直向上生長。擺在日照充足、排水良好的場所維護照料。

紅葉木藜蘆

地下莖橫向蔓延生長，納入庭園作為地被植物也非常適合。遮蔭場所栽培斑葉種營造明亮氛圍。葉片厚實，略具光澤感，春季期間綻放一串串壺形小白花。

細梗絡石

由莖部長出氣生根，攀附樹幹、岩石、圍籬等處生長，種在綠油油的庭園裡也美不勝收。初夏期間開花，散發甘甜香氣，一到了秋季，綠葉轉變顏色呈現漂亮楓紅景象。耐夏季直射陽光能力弱，容易引發葉燒現象，需留意。

灰木

株形自然奔放充滿野趣，栽培成叢生型象徵樹也深受喜愛。柔美優雅枝態，隨風搖曳的葉，充滿涼感，觀賞價值高。春季綻放甜美可愛白花，散發甘甜香氣，值得好好地欣賞。花後結果，8至10月枝頭掛著黑色果實。

細葉鐵線蕨

廣泛分布於溫帶至亞熱帶地區，也自生於日本氣候溫暖地區。長著纖細小葉，廣受歡迎的觀葉植物。耐乾燥、耐寒能力弱，但南方鐵線蕨（蓬萊羊齒）等原產於日本的種類，耐寒程度可達0℃左右。

斑葉絡石

細梗絡石進行品種改良栽培的園藝品種。長著粉紅色葉，或夾雜不固定形狀葉斑的新葉，可當作彩葉植物欣賞。植株匍匐茂密生長，不落葉，冬季也賞心悅目。耐寒、耐暑熱能力強，體質強健，不需要費心維護照料。

天胡荽

狀似覆蓋地面生長的草姿，廣被作為地被植物，葉面分布著白色覆輪，不可多得的彩葉植物。從乾燥土壤到水中，適合栽培的環境廣泛，也被當作水草種入水槽、水族箱等用途也很廣。

Column2

赤地先生
熱情推薦

澳洲植物的魅力

近年來，澳洲植物人氣不斷地攀升，越來越受矚目。除了一年四季都賞心悅目的常綠植物之外，以植物種類豐富多元，花朵個性十足最具特徵。赤地先生說：「從欣欣向榮地生長，自由奔放的草姿，就能感受到澳洲植物的強韌生命力。耐寒能力強的種類也非常多，不妨深入地了解對於生態環境的適應性，積極地納入庭園植栽。」排水良好的土壤、日照充足的場所、避免環境處於高溫潮濕狀態，悉心栽培，植物就會健康地生長。發現喜愛的植物，入手前，請先確認自家環境是否符合條件。

銀樺（Coconut Ice）

粗獷隨性，陽剛洗練，帥氣有型

營造時尚氛圍的澳洲植物＊

以葉形獨特、花朵個性十足的植物，構成可盡情欣賞的時尚植栽

狹葉白千層

鋪地銀樺

闊葉銀樺

藍色相思樹

變葉佛塔樹

雪葉木

※原產於澳洲的植物，包含原產於非洲、紐西蘭的植物。

栽培一盆就賞心悅目

組合盆栽創作實例

狹窄空間、無法地植栽培的場所，
擺放組合盆栽，依然繽紛多彩、充滿四季變化。
植栽的組合運用、特色花盆的選擇等，
單元中對於赤地先生提案的組合盆栽設計構想、
基本作法都有詳盡的介紹。

納入澳洲植物

以雪葉木、銀樺等，葉具有獨特氛圍又茂盛生長的澳洲植物為主，以老舊嬰兒澡盆為栽培箱，依序種入植物。垂枝類、植株高挑的植物等，活用獨特葉形，搭配栽種迷你千日紅（千日小坊）、東風菜，以花色增添色彩。草姿奔放，充滿存在感的組合盆栽，大大地發揮作用成為庭園象徵。

精益求精的組合盆栽創作精神

如同建設庭園，構成組合盆栽前我都會通盤思考，腦中有具體的設計意象。組合過程中，會仔細地觀察苗株的協調美感，時而剔除，時而追加。一株一株地拿在手上，眼睛盯著植株，心裡想著到底組合於哪個位置，該怎麼組合，看起來最漂亮，就能夠順利地彙整成組合盆栽。用心地完成組合盆栽之後，隨著植物的生長，一定會出現組合形態變得很雜亂，植株枯萎等情形，組合盆栽一直維持最佳狀態是非常困難的事情。出現上述情形時，我可能毫不猶豫地就改種其他植物。甚至考慮過連盆底石都倒出來，重新組合栽種。剔除植物非常麻煩，基本上都直接淘汰不再使用。相對地，我一直在使用排水良好的椰殼碎片。椰殼碎片是質地非常輕盈的資材，構成大型組合盆栽等情況下使用，十分便利。需要移動盆栽時也比較輕鬆，建議不妨使用看看。

培養土

栽培植物一定會用到混合著必要肥料與輔助用土＊的土壤。通常都是事先調配混合，需要改良土壤時，比較節省時間，而且失敗機率比較低，建議初學者採用。

※基本用土是以腐葉土、堆肥、泥炭土、蛭石、石灰等混合而成，是透氣性、保肥性、保水性都十分良好的土壤。

椰殼碎片

以天然椰殼為原料，進行加工，取代土壤的園藝資材。以排水良好，保濕性高最具特徵，質地輕盈，也適合以吊盆栽培植物時使用。進行土壤改良或覆蓋土壤表面時使用也便利。缺點是不含養分，打造組合盆栽時需要併用培養土。

❶ 雪葉木

❷ 雙色野鳶尾

❸ 耳葉馬蘭（Brunetthy）

❹ 毛葉獨雀花

❺ 捲葉東方狗脊蕨

❻ 東風菜

❼ 野扇花

❽ 迷你千日紅（千日小坊）

❾ 忍冬

❿ 銀樺

栽種步驟

本單元對於組合盆栽作法有非常詳盡的解說。
請確實地掌握基本栽種要點，
依序種入植物。

這回使用的
老舊嬰兒用浴盆。

1 以老舊嬰兒用浴盆取代花盆，底部排水孔覆蓋盆底網。嬰兒用浴盆底部原本就設有排水孔，不需要再動手鑽孔。

2 倒入椰殼碎片至嬰兒用浴盆高度的1/2處。

3 鏟平椰殼碎片，倒入培養土。

4 決定組合盆栽的前後位置，由後往前，先配置植株高挑的植物。配置前確實摘除殘花與受損葉片。

5 垂枝生長的植物配置在最前面。重點是微微地傾斜種入苗株。

6 一邊往苗株之間加土填補空隙，一邊依序種入苗株。

栽種前仔細地確認苗株的根盆狀態！

根盆盤根錯節時，以鑷子等清除土壤，依序鬆開根部。

容易因處理根部而植株弱化的植物，直接栽種。

發現根部由盆底孔長出時，用手摘除。

由栽培盆取出苗株之後，務必確認根盆狀態。重點是，發現盤根錯節時，一定要鬆開根盆。但搭配栽種的植物種類之中，不乏處理根部容易導致植株弱化的品種，因此必須仔細地確認。體質較弱的植物請直接栽種，避免碰觸根部。發現根部由育苗盆底部長出時，先摘除，再脫盆取出苗株。

7 栽種觀葉植物之後，仔細觀察協調狀態，依序種入花苗，構成觀賞重點。

8 栽種花苗之後，加入土壤至盆緣下方2至3cm處（＊預留蓄水空間），充分地澆水。

Finish

※蓄水空間（water space）：澆水時，暫時儲水，避免土壤溢出的空間。

活用生動活潑氛圍

以老舊洗臉盆為花盆，完成韻味十足的吊盆。草姿自然柔美的新娘花，活用生動活潑氛圍，完成充滿動態美感、自由奔放的設計。以垂枝植物、重點花色等，完成緊密融合植物特色的花藝作品。

Plants List

1. 新娘花
2. 延命草
3. 細莖石斛
4. 蛇莓
5. 大文字草（紅珊瑚）
6. 縮緬葛（矮性種硬梗絡石）
7. 大理花（Humming Bronze）

配置圖

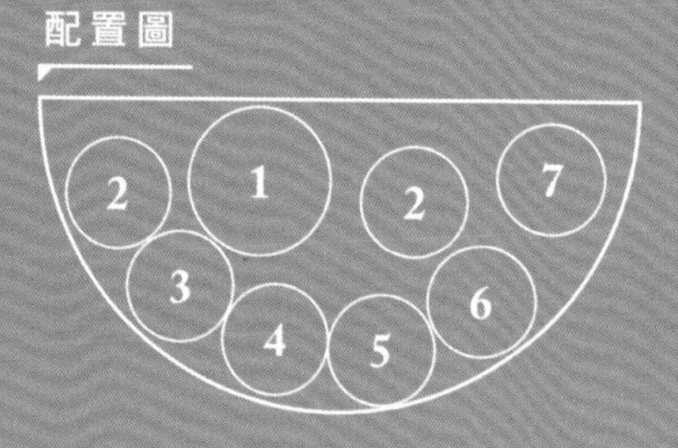

欣賞質感差異

以蕨類植物為主，洋溢南國風情的組合盆栽，以存在感十足的木雕花盆進行組合。以葉形、質感增添變化，相輔相成地構成絕妙搭配。以植株基部長出的纖細羽毛狀葉最具特色的兔腳蕨、斑葉模樣最吸睛的秋海棠、直立生長的積水鳳梨等特色植物，演繹出猶如從大自然擷取一部分的世界觀，生命力澎湃的組合盆栽。

Plants List

1. 積水鳳梨
2. 兔腳蕨
3. 觀音座蓮
4. 秋海棠

配置圖

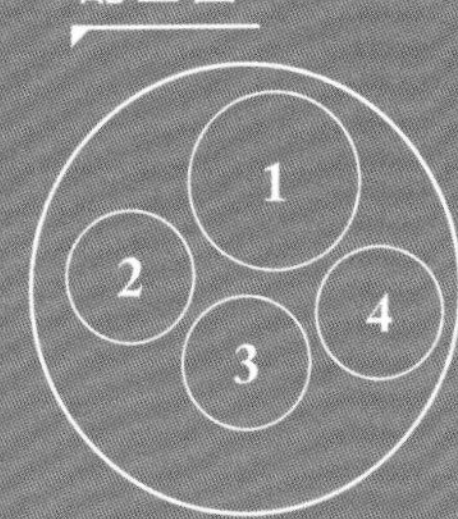

綻放白花、清新脫俗

總是當作配角的小花、纖細優雅的觀葉植物，收集運用，構成充滿原野意象的組合盆栽。以老舊牡蠣養殖籃為花器。籃子裡鋪墊椰殼纖維處理而成的椰纖片，構成洋溢自然氛圍的組合盆栽。搭配栽種香雪球、岩沙參等開白色花、葉色明亮的植物而量感十足。

Plants List

1. 捲葉東方狗脊蕨
2. 羽葉薰衣草
3. 茉莉花
4. 岩沙參
5. 雁金草
6. 甜舌草
7. 鼠尾草
8. 香雪球
9. 多花素馨

配置圖

展現柔美曲線

宛如插花作品，矗立著姿態曼妙，花朵楚楚動人的東風菜，植株基部栽種垂枝忍冬。欣賞生動活潑株姿的組合盆栽。以西班牙栓皮櫟為花器，粗糙樹皮就能夠傳達設計概念，充滿野趣的盆栽。除了獨特外觀之外，西班牙栓皮櫟還是具潑水性，不易腐蝕等特性，且飽含空氣，外觀碩大卻質地輕盈，優點不勝枚舉的素材。

Plants List

1. 東風菜
2. 忍冬

配置圖

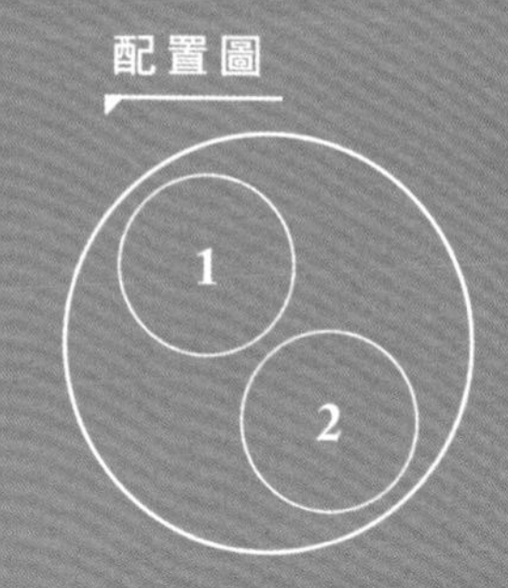

組合盆栽更加優雅時尚

品味風格絕佳的花盆選擇方法

廣泛地以外觀素樸，感覺溫暖，名家創作的陶瓷器、古色古香的雜貨、西班牙栓皮櫟樹皮等為花器，構成組合盆栽。西班牙栓皮櫟鋪墊水苔，促使蕨類、鹿角蕨等植物附生，完成賞心悅目盆栽。

除了構成組合盆栽之外，栽培一般盆栽時，也避免單純地仰賴市售花盆，不妨廣泛地嘗試不同類型的盆器。試著以古董雜貨、名家創作的陶瓷器等為花器，栽種植物，構成形態優美、個性十足的搭配。但花盆需要裝入土壤，栽種植物，因此挑選時需要深入了解特徵，不是只著重於外觀。選用的花盆關係到植物會不會確實地扎根，與植物生長息息相關。陶製花盆透氣性佳，最適合栽種植物構成盆栽。古董雜貨材質包括白鐵、不鏽鋼等，種類繁多，熱傳導率高，甚至會隨著擺放場所發揮調節溫度作用。維護照料時需留意盆栽的擺放場所。

此外，配合想栽種的植物，選擇大小適中、形狀適合的花器也很重要。請依照根盆大小選擇花盆，以大一號花盆栽種植物。希望植物健康地生長，栽培過程中請仔細觀察植株生長情形，一邊以尺寸大一點的花盆移植改種，植物就會欣欣向榮地生長。

肥厚葉片令人印象深刻
值得效法學習的多肉植物培育方法

Succulent plant

相較於一般草花，栽培多肉植物更不需要花費時間與心力，
栽培方法更加簡單。
從人氣品種到稀有品種，「苔丸」都是透過生產者、熟識友人，
廣泛地購買讓人不由地看得出神的多肉植物。
本單元對於多肉植物的基本栽培技巧有詳盡的介紹。

廣泛收集擬石蓮花屬多肉植物，構成組合盆栽。綠油油的葉色與黑色枝條的強烈對比最美，外形素樸，卻充滿著優雅迷人風采。

左頁／長著渾圓飽滿圓葉的達摩福娘，配合葉色，選擇相同色調的花盆，充滿整體感。以黑色富士砂美化盆面，構成典雅色彩搭配。

右頁・上／種在迷你花盆裡，植株小巧可愛的銘月、秋麗、藍精靈。以呈現楓葉景象的漂亮多肉植物構成組合盆栽，展現2種截然不同的表情。

右頁・下（右）／分量感十足的組合盆栽，以長著獨特紫紅色莖部的黃花新月為重點配色，栽種成垂枝狀的大膽設計。值得細細品味的花盆，擺在古色古香的器具上構成居家擺飾。（左）植株徒長的秋麗，活用枝條，完成趣味十足的組合盆栽。突破花盆的選擇框架，以自由發想完成有趣的設計。

移植改種

購買種在育苗盆裡的多肉苗株，試著進行移植改種。以喜愛的花盆，嘗試搭配構成組合盆栽。相較於其他植物，多肉植物的生長速度比較緩慢，填滿植株之間空隙地栽種也OK。可以依喜好盡情地享受設計樂趣。

材料 & 工具

① 多肉植物用土
② 噴壺
③ 水苔
④ 盆底石
⑤ 舊報紙
⑥ 填土器
⑦ 剪刀
⑧ 鑷子
⑨ 掃帚
⑩ 抹布

1 以市售苗或自行栽培的苗株，進行移植改種，重點是去除附著根部的土壤。根部太混雜時，先鬆開根盆，適度地修剪。

2 根部整理乾淨後樣貌。栽種構成盆栽、組合盆栽時，視實際狀況需要，可能將植株處理成幾乎無根狀態。

3 將多肉植物用土壤倒入花盆，種入植株。避免葉片掉落或損傷，以鑷子完成栽種作業。一邊觀察栽種高度，非常協調地種入植株，太低時，加入用土，進行調整。

4 下葉枯萎或受損時，事先摘除。未摘除直接栽種，澆水等作業中，枯葉沾到水，可能引發黴菌，需留意。

5 摘除下葉的發財樹，以鑷子夾住莖部，活用垂枝狀株姿，插入土裡。

6 一邊觀察協調狀態，一邊將多肉植物插入土裡，依序插在喜愛位置。最後，澆水，完成漂亮組合盆栽。

澆水

植物缺水時就會消耗儲存體內的水分，葉子變得皺巴巴。出現這種情形就是危險訊號。請盡快幫植物補充水分。但多肉是澆水過度很容易引發問題的植物。土壤太潮濕容易引發根腐病等疾病，還可能成為引發黴菌的主因。生長期以土壤表面乾燥才澆水為基本原則，休眠期盡量減少澆水，進行斷水，植株更健康地生長。（※）多肉植物可大致分成春．秋型種、夏型種、冬型種，生長期各不相同，澆水時機也不一樣，因此，栽種前確認自己想栽培的多肉植物屬於哪種類型至為重要。

病蟲害對策

多肉植物體質強健，容易栽培，相較於其他植物，也比較不會罹患病蟲害。但日照不足、通風不良等條件下，發生機率升高。需要留意的是根腐病、黑斑病、白粉病等疾病，早期發現，以市售藥劑即可防治。常見害蟲如介殼蟲、葉蟎、粉蝨、蚜蟲、蛞蝓等，發現害蟲時應立即驅除或噴灑藥劑。潛入花盆裡，吸取根部養分的Nematoda（根瘤線蟲），發現時需要切除形成瘤狀的根部。

附著介殼蟲的植株

擺放場所

多肉植物原本自生於日照充足、環境乾燥的場所。沒有充分地照射陽光，就無法進行光合作用，水分一直積存體內，多肉植物就會太悶熱。情況嚴重時甚至植株枯萎或溶解，維護照料時需留意。此外，多肉植物也不喜歡濕氣重又悶熱場所。必須擺在通風良好的場所，最低限度一天照射陽光4小時以上。多肉植物確實喜歡照射陽光，但炎熱夏季直射陽光時，土壤溫度上升，容易引發葉燒現象，應盡量避免。最好擺在光線明亮的屋簷下等場所。

室內…

不會直接淋到雨的屋簷下、設有遮陽棚的陽台等場所最適合栽培多肉植物。耐寒能力因種類而不同，冬季期間，氣溫低於5℃時，有些種類需要移往溫室或室內。

室外…

請擺在能夠充分地照射陽光的窗邊栽培。多肉植物不喜歡濕氣太重的環境，打開窗戶，促進通風也十分重要。擺在無法充分照射陽光的場所時，請經常移往室外，讓多肉植物作作日光浴。

（※）●春秋型：春季與秋季進入生長期，夏季生長緩慢，冬季休眠。●夏型：夏季進入生長期，春、秋季生長緩慢，冬季休眠。
●冬季進入生長期。春、秋季生長緩慢，夏季休眠。

以名家創作的經典花器插花

日常生活中以花增添色彩，就能夠感覺到季節變化，心情頓時變得很放鬆，整個空間顯得格外優雅溫馨。即便是同一種花，裝飾的花器不一樣，完成花藝作品表情就截然不同。平時隨意裝飾的花，稍微改變一下角度，竟然呈現出令人耳目一新的樣貌，充滿著無限魅力。本單元特別前往赤地先生負責花器部分的「花與器展」，拍攝到許多經典作品。

撮影協力／うつわ祥見KAMAKURA

Data

「青灰釉壺」

創作者：小野象平

「花材」

● 鐵線蓮

要插入花材構成花藝作品，讓我感到非常緊張。心想，這畢竟是以花器為主角，花材只不過是配角罷了。於是決定以展現花器之美為主軸。」

最重要的不是以花材填滿花器，而是意識著背景、穿透感等，思考著花藝作品與空間的協調美感。思考著到底該插入多少分量的花材，才能完成突顯花器與空間的作品。「植物的草姿、枝態之美與趣味，並不是想創作就創作得出來。對於大自然孕育出來的表現力，有了更深刻的感受，彙整出活用花器、活用花材的花藝作品創作提案。」

Data

「白磁花器」

作家：境知子

「花材」

- 大葉釣樟
- 繡球蔥（Blue Perfum）

搭配果實漂亮的素材

Data

「碳化窯變壺」
創作者：田宮亞紀

「花材」
● 蔓梅擬

清新優雅一輪插

Data

「窯變粉引花器」
創作者：境道一

「花材」
● 鐵線蓮
（Duchess of Edinburgh）

風格明快的花藝創作

Data

「粉引花器」
創作者：境道一

「花材」
● 繡球花

個性十足的花材

Data

「粉引花器」
創作者：境道一

「花材」
● 銀合歡

Dry Flower

裝飾乾燥花的漂亮景色

與新鮮花材截然不同，能夠盡情地享受組合運用與裝飾樂趣的乾燥花世界。
乾枯並非花材的生命終點，優雅沉穩氛圍，
植物風采依舊，令人深深著迷。

莖葉枯萎，花朵褪色。
枝幹腐朽，感覺卻更加漂亮迷人的乾燥花魅力。

日復一日，經年變化不斷地深化，乾燥花展現的風采更加耐人尋味。因喜歡這樣的世界觀，所以苔丸也大量納入乾燥花。採購花材包括乾燥花，但大部分是自行乾燥處理。除了掛在店裡天花板、樑柱上慢慢地乾燥之外，連家中的冷氣下方也吊掛，以各種方式不斷地處理著乾燥花。

「自己處理的乾燥花顏色比較暗沉，不會太搶眼，感覺比較典雅。」由此可見，赤地先生處理的乾燥花感覺很自然。濕氣較重的梅雨、夏季等季節，乾燥花容易發霉，需留意，盡量在短時間內完成，乾燥處理必須很確實。「即便以相同的方式處理完成，乾燥花的花形、花色、葉形、枝態、葉脈浮出樣貌等，都不盡相同。」乾燥花各具特色，自然腐朽的樣貌令人難以忘懷，變換作法完成吊掛花飾、花圈等十分有趣。乾燥花風貌與新鮮花材截然不同。花瓣密布的花朵、纖細的葉片、充滿野趣的硬挺枝條等，不妨活用素材差異，完成展現瞬間風采的花藝作品。

苔丸店內裝飾的乾燥花，都是團隊成員一束一束地親手處理而成，充滿著自然韻味與濃濃的懷舊氛圍。

粗獷有型，直接當作裝飾，就很耀眼突出的巨獸鹿角蕨。噴成白色，特色更加鮮明。活用葉脈凹凸感，重點是站在遠處，薄薄地重複噴上顏色。

楓香果實

除了使用花朵之外，以外形獨特的樹木果實、種子等為花材，趣味性大幅提升。渾圓可愛的球形設計，是以Amber Balm（楓香果實）搭配乾燥花作成。

Column3

赤地先生
熱情推薦

超實用園藝工具

堅持選擇順手好用的超實用工具

如同選擇植物，赤地先生對於工具也非常堅持原則。工具就是要使用，因此赤地先生最重視的是機能性，其次才是設計造型。重點是使用方便性，堅守此原則，植物的日常維護照料更能順利進行。只要找到自己覺得順手好用的工具，赤地先生就會長長久久地持續使用。

園藝剪刀工具袋就是其中之一。以槍套為設計概念，自己設計，請熱愛皮件製作的熟識友人幫忙製作。以堅固耐用的牛皮作成，或許是每天都在使用吧！使用五年左右，受損情形已經相當嚴重。相對地，憐惜之情油然而生，歷任園藝剪刀工具袋都好好地保存著。

將澳洲知名品牌Blundstone園藝靴買來替換，已經穿了五年以上還愛不釋手，穿起來很舒服的皮靴，現在也選購給團隊成員們。工作現場即便沒有下雨，腳下工作環境也不可能太好，鞋底非常堅固耐用，無論到什麼樣的場所都不必擔心。款式設計十分帥氣，是上街穿著也很時髦大方的萬能鞋款。

| 自然綠生活 | 35
鎌倉花店主人的
植物庭園設計生活學

授　　權／Boutique社
譯　　者／林麗秀
發 行 人／詹慶和
執行編輯／劉蕙寧
編　　輯／黃璟安・陳姿伶・詹凱雲
執行美編／韓欣恬
美術編輯／陳麗娜・周盈汝
內頁排版／韓欣恬
出 版 者／噴泉文化館
發 行 者／悅智文化事業有限公司
郵政劃撥帳號／19452608
戶　　名／悅智文化事業有限公司
地　　址／新北市板橋區板新路206號3樓
電　　話／(02)8952-4078
傳　　真／(02)8952-4084
電子信箱／elegant.books@msa.hinet.net

2024年4月初版一刷　定價 580 元

Boutique Mook No.1654
KUSABANAYA KOKEMARU NO MIRYOKU

Original Japanese edition published in Japan by BOUTIQUE-SHA.
Chinese (in complex character) translation rights arranged with BOUTIQUE-SHA
through Keio Cultural Enterprise Co., Ltd., New Taipei City, Taiwan.

經銷／易可數位行銷股份有限公司
地址／新北市新店區寶橋路235巷6弄3號5樓
電話／(02)8911-0825　傳真／(02)8911-0801

國家圖書館出版品預行編目(CIP)資料

鎌倉花店主人的植物庭園設計生活學 / Boutique社
授權；林麗秀譯.
-- 初版. – 新北市：噴泉文化館出版, 2024.4
　面；　公分. -- (自然綠生活; 35)
ISBN 978-626-97800-2-0 (平裝)

1.庭園設計 2.造園設計
435.7　　113004421

草花屋　苔丸
神奈川県鎌倉市鎌倉山2-15-9
TEL&FAX：0467-31-5174

Special Thanks

うつわ祥見 KAMAKURA
神奈川県鎌倉市小町1-6-13　コトブキハウス2F
TEL&FAX：0467-23-1395

MAYA
神奈川県鎌倉市材木座3-17-29
TEL：0467-60-4020

Staff

編集・製作　早川亞紀子（株式会社ライフイーエックス）
設計　平井 絵梨香（株式会社ライフイーエックス）
圖片　畔柳 純子